四川省工程建设地方标准

四川省低层轻型木结构建筑技术标准

Technical standard for low-rise light wood buildings in Sichuan Province

DBJ51/T 093 – 2018

主编部门： 四 川 省 住 房 和 城 乡 建 设 厅
批准部门： 四 川 省 住 房 和 城 乡 建 设 厅
施行日期： 2 0 1 8 年 8 月 1 日

西南交通大学出版社

2018 成 都

图书在版编目（C I P）数据

四川省低层轻型木结构建筑技术标准 /四川省建筑科学研究院主编. —成都：西南交通大学出版社，2018.7（2019.6 重印）
（四川省工程建设地方标准）
ISBN 978-7-5643-6242-3

Ⅰ. ①四… Ⅱ. ①四… Ⅲ. ①低层建筑－建筑结构－木结构－技术规范－四川 Ⅳ. ①TU241.4-65

中国版本图书馆 CIP 数据核字（2018）第 129730 号

四川省工程建设地方标准

四川省低层轻型木结构建筑技术标准

主编单位 四川省建筑科学研究院

责任编辑	杨 勇
封面设计	原谋书装
出版发行	西南交通大学出版社 （四川省成都市二环路北一段 111 号 西南交通大学创新大厦 21 楼）
发行部电话	028-87600564 028-87600533
邮政编码	610031
网址	http://www.xnjdcbs.com
印刷	成都蜀通印务有限责任公司
成品尺寸	140 mm × 203 mm
印张	2.375
字数	61 千
版次	2018 年 7 月第 1 版
印次	2019 年 6 月第 3 次
书号	ISBN 978-7-5643-6242-3
定价	26.00 元

各地新华书店、建筑书店经销

关于发布工程建设地方标准《四川省低层轻型木结构建筑技术标准》的通知

川建标发〔2018〕467号

各市州及扩权试点县住房城乡建设行政主管部门，各有关单位：

由四川省建筑科学研究院主编的《四川省低层轻型木结构建筑技术标准》已经我厅组织专家审查通过，现批准为四川省推荐性工程建设地方标准，编号为：DBJ51/T093—2018，自2018年8月1日起在全省实施。

该标准由四川省住房和城乡建设厅负责管理，四川省建筑科学研究院负责技术内容解释。

四川省住房和城乡建设厅

2018年5月25日

前　言

根据四川省住房和城乡建设厅川建标发〔2016〕812 号“关于下达四川省工程建设地方标准《四川省轻型木结构住宅技术规程》编制计划的通知”的要求，编制组会同有关单位，经过调查研究，总结实践经验，依据国家相关标准，结合我省具体情况，制定本标准。根据审查会审查委员会专家意见，本标准标准名称修改为《四川省低层轻型木结构建筑技术标准》。

标准制定过程中，编制组开展了广泛的调查研究，进行了相关试验研究工作，认真总结了低层轻型木结构建筑在国内及四川省内的工程实践经验，对主要问题进行了专题研究和反复讨论，参考有关国内先进标准，与相关标准进行了协调，在充分征求意见的基础上，制定本标准。本标准主要技术内容包括：1 总则；2 术语；3 基本规定；4 材料；5 建筑集成设计；6 结构设计；7 运输和储存；8 安装；9 质量验收。

各单位在执行本标准时，请将有关意见和建议反馈给四川省建筑科学研究院（地址：成都市一环路北三段 55 号；邮编：610081；邮箱：zp@scjky.cn），以供今后修订时参考。

主 编 单 位： 四川省建筑科学研究院

参 编 单 位： 西南交通大学土木建筑工程学院
成都军区建筑设计院
西华大学土木建筑工程学院
四川星河建材有限公司

主要起草人：张　瀑　鲁兆红　包剑宇　潘　毅
周兴和　黄爱萍　雷力川　万吉荣
伍远明　郭　瑞　邓　川　李　可
周　祎　邹　冰

主要审查人：杨学兵　贺　刚　王泽云　江成贵
徐建兵　李晓岑　李登满

目　次

Contents

1 总 则

1.0.1 为在四川省低层轻型木结构建筑应用中贯彻执行国家的技术经济政策，做到技术先进、安全适用、经济合理、确保质量、保护环境，制定本标准。

1.0.2 本标准适用于四川省三层及三层以下低层轻型木结构建筑设计、施工及质量验收。

1.0.3 低层轻型木结构建筑的设计、运输和储存、安装及质量验收，除应遵守本标准外，尚应符合国家现行有关标准的规定。

2 术　语

2.0.1 低层轻型木结构　low-rise prefabricated timber structure

层数为3层及3层以下，以规格材、木基条板等轻质材料为基础，采用在工厂预制的构件，以现场装配建造而形成的结构。

2.0.2 规格材轻型木结构　light wood frame construction

用规格材或木基结构板材制作的墙体、楼盖和屋盖系统等组合形成的单层或低层建筑结构。

2.0.3 纤维增强覆面木基结构　Fiber-reinforced cladding wood-based structures

采用纤维增强覆面木基板在工厂制作的轻型结构楼板、轻型结构墙板、轻型桁架等构件，运至现场，由现场装配胶合构成的楼盖、屋盖以及墙板结构受力体系。

2.0.4 纤维增强覆面木基板　Fiber-reinforced cladding wood-based panel

采用木基条板组坯粘接拼接、表面铺设纤维并与胶凝材料结合，形成全封闭覆面层的板材。

3 基本规定

3.0.1 低层轻型木结构建筑应采用系统集成的方法统筹建筑结构系统、外围护系统、内装系统、设备与管线系统设计的全过程。

3.0.2 低层轻型木结构体系应遵守模数协调标准，按照通用化、模数化、标准化的要求，以少规格、多组合的原则，实现建筑及部品的系列化和多样化。

3.0.3 低层轻型木结构设计应符合下列要求：

1 不应采用严重不规则的结构体系；

2 节点和连接件应受力明确、构造可靠，并应满足承载力和耐久性的要求；

3 应根据木构件采用的结构形式、连接节点构造方式和连接节点性能，确定结构的整体计算模型；

4 应采取有效措施加强结构体系的整体性。

3.0.4 低层轻型木结构建筑内装设计应满足建筑全寿命周期维修、维护管理的要求，且宜采用标准化构配件进行装配化装修。

3.0.5 低层轻型木结构建筑应采用绿色建材和性能优良的系统化部品部件。

3.0.6 低层轻型木结构建筑应按照设计文件要求进行部件详图设计。

3.0.7 低层轻型木结构建筑设计时应考虑使用期间更换或维修构件的便利性，应设置方便检测和维护的技术措施。

3.0.8 低层轻型木结构宜采用建筑信息化模型（BIM）进行设计和构件预拼装。

3.0.9 低层轻型木结构的设计文件应明确正常使用条件下的使用及维护要求。

4 材 料

4.0.1 低层轻型木结构使用的结构构件应由工厂加工制作；制作构件的材料性能应符合相关现行国家标准的要求。

4.0.2 规格材轻型木结构用规格材分级，应符合现行国家标准《木结构设计标准》GB 50005 的规定。

4.0.3 制作构件时，木材含水率应符合下列规定：

1 板材、规格材不应大于 19%；

2 作为连接件时不应大于 15%。

4.0.4 当采用国家现行相关标准中未包括的材料制作构件时，其构件的设计指标应经专门论证后确定，设计文件应明确构件性能的检验指标。

4.0.5 使用钢材作为连接材料时，钢材的性能除应符合现行国家标准的规定要求外，尚应根据使用环境要求明确防腐蚀要求。

4.0.6 处于潮湿环境的金属连接件应经防腐蚀处理或采用不锈钢产品。

4.0.7 处于外露环境并对耐腐蚀有特殊要求或受腐蚀性气态和固态介质作用时，宜采用耐候钢。

4.0.8 低层轻型木结构采用的保温和隔声、吸声材料应满足阻燃性能的要求。

4.0.9 低层轻型木结构用胶粘剂应无毒、环保，并应保证其胶合部位强度要求。

4.0.10 纤维增强覆面木基结构所用胶粘剂的性能应满足附录 B 的要求，且不返卤、不泛霜。

5 建筑集成设计

5.1 一般规定

5.1.1 低层轻型木结构建筑设计应符合现行国家标准《建筑模数协调标准》GB/T 50002 的规定，且模数宜与构件的规格尺寸相协调。

5.1.2 低层轻型木结构建筑设计宜按照被动措施优先的原则，优化建筑形体、空间布局，并采取自然采光、自然通风、围护结构保温、隔热等措施。

5.1.3 居住建筑宜采用集成式厨房、集成式卫生间、预制管道井、预制排烟道等建筑部品。

5.1.4 低层轻型木结构建筑中，设备及设备管线系统的设计可采用完全集成或部分集成到结构体系中的方式。

5.1.5 民用建筑设计应符合现行国家标准《民用建筑设计通则》GB 50352 的规定；住宅建筑设计尚应符合现行国家标准《住宅建筑规范》GB 50368、《住宅设计规范》GB 50096 的规定。

5.1.6 低层轻型木结构建筑的隔声性能设计应符合现行国家标准《民用建筑隔声设计规范》GB 50118 的规定。

5.1.7 低层轻型木结构建筑的防火设计应符合现行国家标准

《建筑设计防火规范》GB 50016 的要求。

5.2 平立面设计

5.2.1 建筑平面布置宜简单、规则，各功能空间布局合理、有序，并能满足空间的灵活性与可变性。

5.2.2 建筑竖向布置宜规则、均匀，承重墙、柱等竖向构件宜上、下连续。

5.2.3 建筑门窗的平面位置和尺寸应满足结构受力及标准化设计要求，建筑门窗宜采用标准化产品。

5.2.4 卫生间、厨房等用水房间四周墙体内侧应设防水层，楼面板应采用防水、防滑及相应的构造设施。

5.2.5 建筑的室内地坪标高应高于室外地坪标高 300 mm。

5.2.6 低层轻型木结构建筑设计应符合下列规定：

1 层高不宜超过 3.0 m，最大不应超过 3.6 m，单层建筑层高不应超过 6 m；

2 建筑开间尺寸不应大于 6 m，单层建筑面积不应大于 600 m^2；

3 建筑的高宽比不应大于 1.2。

5.2.7 幼儿园、养老院等建筑不应高于二层。

5.2.8 外墙的洞口、门窗等处应采取加强防护措施。

5.2.9 低层轻型木结构建筑屋面宜采用坡屋面，且符合下列规定：

1 屋面宜根据建筑形体、高度、当地最大雨雪量、结构形式和采用的防水材料，确定屋面的坡度；

2 屋面应设置保温隔热层，并宜采取防结露、防水汽渗透等措施；

3 当屋面坡度超过 10° 时，应采取防止屋面防水材料滑落的固定措施；

4 严寒及寒冷地区的坡屋面檐口宜外露；

5 天沟、天窗、檐沟、檐口、水落管、泛水、变形缝和伸出屋面管道等处应加强防水构造措施；

6 当高温管道穿过木结构屋面时，管道应采用支架与木构件脱离，空隙间应采用防火封堵材料进行填堵密封。

5.2.10 烟囱、风道、排气管等高出屋面的构筑物与屋面结构应有可靠的连接，并应采取防水排水措施，并应做好保温隔热的构造处理。

5.3 围护结构设计

5.3.1 围护结构设计应符合国家现行标准《民用建筑热工设计规范》GB 50176 的要求；建筑节能设计尚应符合相应气候区的现行国家和地方相关标准的规定。

5.3.2 围护结构单元的划分应满足建筑的功能、结构、经济性和立面形式等要求，并满足工业化生产、制造、运输以及安装的需要。

5.3.3 建筑围护结构单元宜为规则的平面构件；当采用非矩形或非平面构件时，构件接缝位置和形式应与建筑立面协调统一。

5.3.4 建筑外围护结构宜采用结构构件与保温、气密、饰面等材料的一体化集成系统。

5.3.5 当建筑外围护结构采用外挂装饰板时，应满足下列要求：

1 外挂装饰板应采用合理的连接节点并与主体结构可靠连接；

2 支承外挂装饰板的结构构件应具有足够的承载力和刚度；

3 外挂装饰板与主体结构宜采用柔性连接，连接节点应具有足够的承载力和适应主体结构变形的能力，并应采取可靠的防腐、防锈和防火措施；

4 外挂装饰间接缝的构造，应满足防水、防火、隔声等建筑功能要求，且能适应主体结构的层间位移、施工误差、温差等因素引起的变形要求。

5.3.6 建筑围护结构的强度和刚度应满足构件在风荷载下受力及变形要求。

5.3.7 在寒冷和严寒地区，围护结构和保温吊顶应采用有效的保温、隔热措施。

5.3.8 建筑围护结构设计时宜采取下列防潮措施：

1 设计应保证热桥部位的内表面温度不低于室内空气设计温度和湿度条件下的露点温度；

2 外墙的构造宜设置防水透汽膜。

5.4 装修及设备管线设计

5.4.1 低层轻型木结构建筑的室内装饰装修设计应符合下列要求：

1 装饰材料应具有一定的强度、刚度且适应工厂预制、现场装配要求；

2 应考虑不同部品之间及不同装饰材料之间的连接设计；

3 室内装修应与建筑结构、机电设备一体化设计，机电设备管线系统宜采用集中布置，管线及点位宜预留、预埋到位；

4 室内装修的主要构配件宜采用标准化工业产品。

5.4.2 低层轻型木结构建筑的给水排水应符合下列要求：

1 建筑设备、管道之间的连接应采用标准化接口；

2 管线设计应合理设置管道连接，避免使用中渗漏；

3 管道上宜少设置接头，接头不得设置在隐蔽或不宜检修部位；设置接头部位应明确标识，并预留检修空间；

4 太阳能热水系统集热器、储水罐等的安装应与建筑一体化设计，并做好预留预埋措施。

5.4.3 低层轻型木结构建筑的建筑设备、通风与空调设计应符合下列要求：

1 构件应考虑通风空调设备荷载；

2 构件上应预留必要的检修位置；

3 铺设高温管道的通道，应采用不燃材料制作，并设置通风措施；

4 铺设冷凝管道的通道，应采用耐水材料制作，并设置通风措施；

5 厨房的排油烟管道应增设隔热措施，避免排烟管道与木材接触。

5.4.4 低层轻型木结构建筑的建筑电气设计应符合下列规定：

1 建筑部品内应预留导管应符合国家现行标准的规定；

2 电力电缆、电线宜采用阻燃低烟无卤交联聚乙烯绝缘；

3 预制木结构构件、建筑部品内预留电气设备时，应采取有效措施满足隔声及防火的要求；

4 集成卫生间中需预留等电位连接位置；

5 竖向电气管线宜统一设置在墙体内，并应保持安全间距。

5.4.5 低层轻型木结构建筑的吊顶应符合下列要求：

1 室内吊顶应根据使用空间功能特点、高度和环境条件合理选择与木结构相适应的吊顶材料及形式；吊顶构造应满足安全、防火、抗震、防水和防腐要求；

2 室内顶棚设计应便于顶部设备安装、管线敷设和维护、火情监控与扑救，并应符合防火要求；

3 吊顶内采用的吸声、隔声材料，其耐火极限应满足相关规范要求；

4 吊顶内敷设的水管应采取防止产生冷凝水的措施；

5 潮湿房间或环境的吊顶应采用防水、防潮材料，并设置防结露、防滴水和排放冷凝水的措施。

5.4.6 装修完成后，室内空气质量应符合现行国家标准《民用建筑工程室内环境污染控制规范》GB 50325 的规定。

5.5 防 护

5.5.1 低层轻型木结构建筑应采取有效措施提高整个建筑维护结构的气密性能，应在下列部位的接触面和连接点设置气密层：

1 相邻单元之间；

2 室内空间与车库之间；

3 室内空间与非调温调湿地下室之间；

4 室内空间与架空层之间；

5 室内空间与通风屋顶空间之间。

5.5.2 在混凝土地基周围、地下室和架空层内，应采取防止水分和潮气由地面入侵的排水、防水及防潮等有效措施。在木构件和混凝土构件之间应铺设防潮膜。

5.5.3 低层轻型木结构建筑屋顶宜采用坡屋顶。采用自然通风时，屋顶空间的通风孔总面积应不宜小于保温顶棚面积的 1/300；通风孔应均匀设置，并应防止昆虫或雨水进入。

5.5.4 外墙和非通风屋顶的设计应减少蒸汽内部冷凝，并有效促进潮气散发。在严寒和寒冷地区，外墙和非通风屋顶内侧应具有较低蒸汽渗透率；在夏热冬暖和温和地区，外侧应具有较低的蒸汽渗透率。

5.5.5 在门窗洞口、屋面、外墙开洞处、屋顶露台和阳台等部位均应设置防水、防潮和排水的构造措施，应有效地利用泛水材料促进局部排水。泛水板向外倾斜的坡度不应低于 5%，屋顶露台排水坡度不应小于 2%，阳台的地面排水坡度不应小于 1%。

5.5.6 低层轻型木结构建筑采用的防腐、防虫构造措施除应在设计图纸中说明外，在施工各工序交接时，尚应检查防腐木材的来源、标识、处理质量及其施工质量。

5.5.7 所有在室外使用，或与土壤直接接触的木构件，应采用防腐木材。在不直接接触土壤的情况下，天然耐久木材可作为防腐木材使用。

5.5.8 当木构件与混凝土或砖石结构直接接触时，对于底边距地坪小于 300 mm 的木构件应采用防腐木材或天然耐久木材。

5.5.9 对于经防腐剂处理的木材，用于连接的金属连接件、齿板及螺钉等应避免防腐剂引起的腐蚀，应采用热浸镀锌或不锈钢产品。

6 结构设计

6.1 一般规定

6.1.1 低层轻型木结构的设计基准期应为50年，结构安全等级应符合现行国家标准《建筑结构可靠度设计统一标准》GB 50068的规定。

6.1.2 低层轻型木结构的设计使用年限应符合表6.1.2的规定。

表6.1.2 设计使用年限

类别	设计使用年限	示例
1	25年	易于替换的结构构件
2	50年	普通房屋和一般构筑物

6.1.3 低层轻型木结构建筑应按承载能力极限状态和正常使用极限状态分别进行荷载（效应）组合，并应取各自的最不利的效应组合进行设计。

6.1.4 对于承载能力极限状态，结构构件应按荷载效应的基本组合，采用下列极限状态设计表达式：

$$\gamma_0 S \leqslant R \tag{6.1.4}$$

式中：γ_0 ——结构重要性系数；

S ——承载能力极限状态计算的效应设计值，按现行国家标准《建筑结构荷载规范》GB 50009进行计算；

R ——结构构件的承载力设计值。

6.1.5 结构重要性系数γ_0可按下列规定采用：

1 安全等级为二级或设计使用年限为 50 年的结构构件，不应小于 1.0;

2 安全等级为三级或设计使用年限 25 年的结构构件，不应小于 0.95。

6.1.6 对正常使用极限状态，结构构件应按荷载效应的标准组合，采用下列极限状态设计表达式：

$$S \leqslant C \tag{6.1.6}$$

式中：S ——正常使用极限状态计算的效应设计值；

C ——结构构件达到正常使用要求的规定的变形限值。

6.1.7 低层轻型木结构建筑的结构体系应采取措施加强结构整体性。

6.1.8 低层轻型木结构在验算屋盖与下部结构连接部位的连接强度及局部承压时，应对风和地震荷载引起的侧向力以及风荷载引起的上拔力乘以 1.2 倍的放大系数。

6.1.9 受弯构件的计算挠度，应满足表 6.1.9 的挠度限值。

表 6.1.9 受弯构件挠度限值

项 次	构件类别		挠度限值[ω]
1	檩 条	$l \leqslant 3.3$ m	1/200
		$l > 3.3$ m	1/250
2	楼板、梁		1/250

注：表中，l——受弯构件的计算跨度。

6.1.10 低层轻型木结构建筑弹性状态下的层间水平位移应满足表 6.1.10 要求。

表 6.1.10 层间水平位移限值

项次	结构形式	位移限值
1	规格材轻型木结构	1/250
2	纤维增强覆面木基结构	1/800

注：计算层间位移时，纤维增强覆面木基结构构件的弹性模量可取为 8 000 MPa。

6.1.11 对于附着在结构主体上的非结构构件，应进行抗震和抗风设计。

6.1.12 低层轻型木结构设计时应采取措施减小木材因干缩、蠕变而产生的不利影响，并应采取防止不同材料温度变化和基础差异沉降等不利影响的措施。

6.2 荷载和作用

6.2.1 低层轻型木结构建筑的楼面活荷载、屋面活荷载、屋面雪荷载及风荷载等应按现行国家标准《建筑结构荷载规范》GB 50009 的规定采用。

6.2.2 计算构件内力时，楼面及屋面活荷载可取为各跨满载，楼面活荷载大于 4 kN/m^2 时宜考虑楼面活荷载的不利布置。

6.2.3 低层轻型木结构建筑可采用底部剪力法进行水平地震作用计算，计算时应符合下列规定：

1 各楼层可仅取一个自由度；

2 相应于结构基本自振周期的水平地震影响系数值 α_1 可取值为 α_{max}。

6.2.4 计算地震作用时，建筑的重力荷载代表值应取结构及构配件自重标准值和各可变荷载组合值之和。各可变荷载的组合值系数，应按表 6.2.4 采用。

表 6.2.4 组合值系数

可变荷载种类	组合值系数
雪荷载	0.5
屋面活荷载	不计入
按实际情况计入的楼面活荷载	1.0
按等效均布荷载计算的楼面活荷载	0.5

6.2.5 建筑结构的水平地震影响系数最大值应按表 6.2.5 采用。

表 6.2.5 水平地震影响系数最大值 α_{max}

地震影响	6 度	7 度		8 度		9 度
		0.10g	0.15g	0.20g	0.30g	0.40g
多遇地震	0.04	0.08	0.12	0.16	0.24	0.32
罕遇地震	0.28	0.50	0.72	0.90	1.20	1.40

6.2.6 预制木结构构件应进行翻转、运输、吊运、安装等短暂设计状况下的施工验算。验算运输、吊装时，动力放大系数宜取 1.5；翻转及安装过程中就位、临时固定时，动力放大系数可取 1.2。

6.3 结构设计

6.3.1 低层轻型木结构的内力与位移可按弹性方法计算。

6.3.2 低层轻型木结构墙体在竖向及平面外荷载作用下，按两端铰接的受压构件设计。当墙体覆面板采用木基结构板或石膏板时，可只进行强度验算。

6.3.3 墙体顶梁板与楼盖、屋盖的连接应进行平面内、平面外的承载力验算。

6.3.4 低层轻型木结构的分析模型应准确反映节点连接的受力特征。

6.3.5 纤维增强覆面木基结构墙体的高厚比不应大于 24。

6.3.6 桁架高跨比不宜大于 1/5。

6.3.7 受压构件的长细比应符合表 6.3.7 规定的限值。

表 6.3.7 受压构件长细比限值

项 次	构 件 类 别	长细比限值[λ]
1	结构的主要构件（承重柱、桁架等）	≤120
2	一般构件	≤150
3	支 撑	≤200

6.3.8 预制木楼梯与支撑构件之间宜采用简支连接，并应符合下列规定：

1 预制木楼梯宜一端设置固定铰，另一端设置滑动铰，其转动及滑动能力应满足结构层间位移的要求；

2 预制木楼梯设置滑动铰的端部应采取防止滑落的构造措施。

6.3.9 规格材轻型木结构中，预制木墙体的设计应符合下列规定：

1 应验算墙体与顶梁板、底梁板连接处的局部承压承载力；

2 顶梁板与楼盖、屋盖的连接应进行平面内、平面外的承载力验算；

3 外墙中的顶梁板、底梁板与墙体的连接应进行墙体平面外承载力验算。

6.3.10 低层轻型木结构中，椽条式屋盖和斜梁式屋盖的构件单元尺寸应按屋盖板块大小及运输条件确定。

6.3.11 低层轻型木结构中，桁架式屋盖的构件单元尺寸应按屋盖板块大小及运输条件确定，并应符合结构整体设计的要求。

6.3.12 构件之间应通过连接形成整体，不应相互错动。

6.3.13 在单个楼盖、屋盖计算单元内，可采用下列构件之间的连接构造措施提高结构整体抗侧能力：

1 楼盖、屋盖边界构件之间或边界构件与外墙之间设置拉结；

2 楼盖、屋盖平面内剪力墙之间或剪力墙与外墙之间设置拉结；

3 剪力墙边界构件设置层间拉结；

4 剪力墙边界构件与基础之间设置拉结。

6.4 抗风与抗震设计

6.4.1 低层轻型木结构在重力荷载与水平荷载标准值或重力荷载代表值与多遇水平地震标准值共同作用下，建筑物底面不应出现拉应力区。

6.4.2 低层轻型木结构中抗侧力构件承受的剪力，宜按面积分配法进行分配。

6.4.3 当低层轻型木结构建筑的高度及层高、横墙最大间距满足表 6.4.3-1 及表 6.4.3-2 的要求时，可不进行抗风抗震能力的验算。

表 6.4.3–1 房屋适用的最大高度及层高

结构类型	设防烈度				层高
	6	7	8	9	
规格材轻型木结构	3 层 10.8 m	3 层 10.8 m	2 层 7.2 m	—	不大于 3.6 m
纤维增强覆面木基结构	3 层 10.8 m	3 层 10.8 m	2 层 7.2 m	1 层 3.6	不大于 3.6 m

注：本表中房屋高度指室外地面至檐口高度；屋面为坡屋面时，房屋高度指室外地面至其檐口与屋脊的平均高度。

表 6.4.3–2 低层轻型木结构建筑抗震横墙最大间距（m）

结构类型	设防烈度					
	6	7		8		9
		0.1*g*	0.15*g*	0.20*g*	0.30*g*	
规格材轻型木结构	7.6	7.6	5.3	5.3	—	—
2～3 层纤维增强覆面木基结构	6	6		4.5		4.5
单层纤维增强覆面木基结构	9	9		6		4.5

6.4.4 纤维增强覆面木基结构墙段的高宽比不应大于 4。

6.5 连接设计

6.5.1 低层轻型木结构构件间的连接可按结构材料、结构体系和受力部位采用不同的连接形式。连接的设计应符合下列规定：

1 应满足结构设计和结构整体性要求；

2 应受力合理，传力明确；

3 连接部位宜对称布置；

4 应采取可靠的防腐、防锈、防虫、防潮措施。

6.5.2 当无法确定连接设计的计算模型时，应进行试验验证或提供工程验证的技术文件。

6.5.3 构件之间采用粘接连接时，粘结材料应满足防火要求。

6.6 地基基础

6.6.1 低层轻型木结构建筑的基础埋置深度不宜小于 500 mm，在寒冷及严寒地区，基础埋置深度尚应考虑常年冻土深度的影响。

6.6.2 基础基底垫层厚度不应小于 100 mm。

6.6.3 条形基础的宽度不应小于 500 mm，基础板厚度不宜小于 250 mm，边缘高度不宜小于 150 mm。

6.6.4 基础顶面标高宜高出室外地坪 300 mm。

6.6.5 纤维增强覆面木基结构构件插入基础深度不应小于 100 mm，基础槽宽度为板厚+90 mm，基础顶面与板交接面应用纤维增强覆面木基结构构件用粘接材料粘接。

7 运输和储存

7.0.1 构件按设计文件要求在工厂制作完成并检验合格后，应设置标识，标识内容宜包括产品代码或编号、制作日期、合格状态、生产单位等信息。

7.0.2 针对构件和部品的运输和储存应制定专项实施方案。

7.0.3 构件和部品在运输和储存过程中，应采取防水、防潮、防火、防虫和防止损坏的保护措施。

7.0.4 部品的运输和储存应采取专门的质量安全保证措施。

7.0.5 构件运输时应采取保护措施，边角部位宜设置保护衬垫。

7.0.6 构件水平运输时，梁、柱等预制木构件可分层分隔堆放，上、下分隔层垫块应竖向对齐，悬臂长度不宜大于构件长度的1/4。

7.0.7 木桁架整体运输时，宜竖向放置，支承点宜设在桁架两端节点支座处，下弦杆的其他位置不得有支承物，在上弦中央节点处的两侧应设置斜撑，并应与车厢牢固连接；数榀桁架并排竖向放置运输时，宜在上弦节点处用绳索将各榀桁架彼此系牢。

7.0.8 木结构墙体整体运输时，宜采用直立插放架，插放架应有足够的承载力和刚度。

7.0.9 构件的储存应符合下列规定：

1 构件应存放在通风良好的仓库或防雨、通风良好的有顶部遮盖场所内，堆放场地应平整、坚实，并应具备良好的排水设施；

2 应采取必要措施，保证储存环境的温度、湿度；

3 采用叠层平放方式堆放时，应采取防止构件变形的措施；

4 堆放场所的支垫应坚实，垫块在构件下的位置宜与起吊位置一致；

5 重叠堆放构件时，每层构件间的垫块应上下对齐；堆垛层数应按构件、垫块的承载力确定，并应采取防止堆垛倾覆的措施；

6 采用靠架堆放时，靠架应具有足够的承载力和刚度，与地面倾斜角度宜大于 80°。

7.0.10 对现场不能及时进行安装的建筑模块，应采取保护措施。

7.0.11 纤维增强覆面木基结构所使用的粘结剂应单独存放，避免混用。

8 安 装

8.1 一般规定

8.1.1 低层轻型木结构建筑安装应符合现行国家标准《木结构工程施工规范》GB/T 50772 的规定。

8.1.2 低层轻型木结构建筑施工前应编制施工组织设计，其内容应包括安装及连接方案、安装的质量管理等项目。

8.1.3 低层轻型木结构建筑安装所用材料、构件和配件的质量应符合设计文件规定。

8.1.4 低层轻型木结构建筑安装时，应采取保护措施确保构件不损坏、不变形。

8.1.5 低层轻型木结构建筑安装时，宜根据现场安装条件采用单元化安装方法。

8.1.6 当电气导管埋设距墙体、楼盖表面较近时，应采取有效保护措施。

8.1.7 安装过程中，应采取必要的防火措施。

8.1.8 现场安装时，未经设计允许不应对预制构件进行切割、开洞等影响其完整性的行为。

8.1.9 现场安装全过程中，应采取防止构件、建筑附件及吊件等受潮、破损、遗失或污染的措施。

8.1.10 当预制构件之间的连接件采用暗藏方式时，连接件部位应预留安装孔。安装完成后，安装孔应予以封堵。

8.1.11 安装过程遇到雨、雪天气时，应采取防雨、雪措施。

8.1.12 机电安装宜按照设计要求与构件安装同步进行。

8.2 安装准备

8.2.1 低层轻型木结构施工前，应按设计要求和施工方案进行施工阶段验算；验算时，构件的动力放大系数可取 1.5。

8.2.2 低层轻型木结构施工前，应确认地基基础强度已达到设计要求，基础施工精度应满足木结构部分的施工安装要求。

8.2.3 吊装用吊具应按国家现行有关标准的规定进行设计、验算或试验检验。

8.2.4 如分条、分块拼装或整体吊装构件受力工况与设计不同，则应进行施工阶段的验算；验算不满足时，应对构件单元进行临时加强处理。

8.2.5 预制构件安装前应合理规划运输通道和临时堆放场地，并应对成品堆放采取保护措施。

8.2.6 底层竖向构件安装前，应复核基层的标高，并应设置防潮垫或采取其他防潮措施；其他层竖向构件安装前，应校核已安装构件的轴线位置、标高。

8.3 安　装

8.3.1 构件吊装时应符合下列规定：

1 经现场组装后的安装单元的吊装，吊点应按安装单元的结构特征确定，并应经试吊证明符合刚度及安装要求后方可开始吊装；

2 刚度较差的构件应按提升时的受力情况采用附加构件进行加固；

3 构件吊装就位时，应使其拼装部位对准预设部位垂直落下，并应校正构件安装位置并紧固连接。

8.3.2 墙体构件、柱构件安装时，应符合以下要求：

1 应先调整构件标高、平面位置，再调整构件垂直度；

2 调整构件垂直度的缆风绳或支撑夹板应在构件起吊前绑扎牢固；

3 构件的标高、平面位置、垂直偏差应符合设计要求；

4 构件吊装就位后，应及时校准并应采取临时固定措施。

8.3.3 水平构件安装应符合下列规定：

1 应复核构件连接件的位置，与金属、砖、石、混凝土等的结合部位应采取防潮防腐措施；

2 杆式构件吊装宜采用两点吊装，长度较大的构件可采取多点吊装；细长构件应复核吊袋过程中的变形及平面外稳定；

3 板类构件、模块化构件应采用多点吊装，构件上应设有明显的吊点标志；吊装过程应平稳，安装时应设置必要的临时支撑。

8.3.4 部件在搬运及吊装安装就位过程中，应采取保证其平面外稳定的措施，安装就位后，应设置防止发生失稳或倾覆的临时支撑；临时支撑应在确保安全后方可拆除。

8.3.5 构件吊装就位过程中，应监测构件的吊装状态，当吊装出现偏差时，应立即停止吊装并调整偏差。

8.3.6 构件安装采用临时支撑时，应符合下列规定：

1 水平构件支撑不宜少于2道；

2 预制柱或墙体构件的支撑点距底部的距离不宜大于柱或

墙体高度的2/3，且不应小于柱或墙体高度的1/2；

3 临时支撑应设置可对构件的位置和垂直度进行调节的装置。

8.3.7 纤维增强覆面木基结构胶粘剂点粘接、半缝粘接以及全缝粘接作业应符合以下规定：

1 粘接施工应根据环境温度确定粘结剂的可操作时间；

2 每个批次的构件点粘接完成12 h后方可进行下一批次构件安装；

3 整体点粘接作业完成后，半缝粘接作业应按楼层自上而下进行，补缝厚度应控制距离板平面不低于20 mm；

4 半缝粘接作业完成并养护3 d后，方可进行全缝粘接；全缝粘接按楼层自上而下进行，填缝应平整、密实；

5 半缝、全缝粘接作业和养护过程中严禁进行其他施工作业，同时应避免震动、冲击；

6 全缝粘接强度达到强度75%后，方可拆除临时支撑；

7 雨、雪天气禁止室外粘接作业。

9 质量验收

9.1 一般规定

9.1.1 低层轻型木结构分部工程的质量验收应符合本规定。

9.1.2 低层轻型木结构分项工程的检验批分为进场检验批和安装检验批，进场检验批以同批进场不超过 1 000 件为一个检验批；安装检验批可按楼层、变形缝、施工段进行划分，当单体建筑面积小于 600 平方米时，可以划分为一个检验批。

9.1.3 低层轻型木结构构件应按有效设计文件要求在工厂加工制作；构件出厂时，应按相关产品标准进行检验，并附有生产合格证书和相关力学性能检验报告。

9.1.4 低层轻型木结构构件的产品标识应包括下列内容：

1 构件名称、编号和规格尺寸；

2 执行产品标准名称；

3 质量等级和外观等级；

4 安装前后、正反以及吊装、支撑位置的标记；

5 质量认证标识、制作厂家名称、生产和出厂日期。

9.1.5 低层轻型木结构建筑的内装修工程、给排水工程、通风与空调工程、电气工程、建筑防火工程及建筑智能工程等施工验收应按照现行国家和相关行业标准规范的规定执行。

9.1.6 纤维增强覆面木基结构构件进场后应进行构件检验和荷载检验。

9.1.7 低层轻型木结构验收时，尚应提供下列文件和记录：

1 工程设计文件；

2 构件、主要材料、配件及其他相关材料的质量证明文件、进场验收记录、抽样复验报告；

3 构件的安装记录；

4 分项工程质量验收文件；

5 工程质量问题的处理方案和验收记录；

6 工程的其他文件和记录。

9.1.8 低层轻型木结构建筑工程移交时应提供房屋使用说明书，房屋使用说明书中应包含下列内容：

1 设计单位、施工单位、构件生产单位；

2 结构类型；

3 装饰、装修注意事项；

4 给排水、通风与空调、电气、建筑防火及建筑智能等设施配置的说明；

5 有关设备、设施安装预留位置的说明和安装注意事项；

6 承重墙、保温墙、防水层、阳台等部位注意事项的说明；

7 门、窗类型以及使用注意事项；

8 日常维护、使用要求等；

9 其他需要说明的问题。

9.2 构件进场

Ⅰ 主控项目

9.2.1 低层轻型木结构部件的各类性能指标应符合设计要求，并应有产品质量合格证书。

检查数量：全数检查。

检验方法：检查产品出厂合格证书、性能检测报告、进场验收记录、复验报告。

9.2.2 低层轻型木结构部件使用的规格材应符合设计文件的规定，并应有产品质量合格证书。

检查数量：全数检查。

检验方法：检查质量合格证书、标识。

9.2.3 纤维增强覆面木基结构构件进场后应按照附录 A 的要求进行荷载检验。

检查数量：每一检验批随机抽取板、墙构件各 1 块。

检验方法：检查报告。

9.2.4 纤维增强覆面木基结构构件用粘接材料应按照附录 B 的要求进行复检。

检查数量：每一检验批抽取 1 组。

检验方法：检查复验报告。

9.2.5 规格材轻型木结构中，规格材的平均含水率不应大于 19%，并应按照附录 C 的要求进行复检。

检查数量：每一检验批随机抽取一组。

检验方法：检查报告。

9.2.6 预制墙体、楼盖、屋盖构件内填充材料应符合设计文件的规定。

检验数：全数检查。

检验方法：目测，实物与设计文件对照，检查质量合格证书。

Ⅱ 一般项目

9.2.7 构件外形尺寸应符合表 9.2.7 的要求。

检查数量：每检验批、不同类型构件抽取 3 件。

检验方法：尺量检查。

表 9.2.7 构件外形尺寸的允许偏差和检验方法

<table>
<tr><th>项次</th><th colspan="2">项 目</th><th>允许偏差</th><th>检查方法</th></tr>
<tr><td rowspan="2">1</td><td rowspan="2">长度</td><td>楼板、梁、柱、桁架</td><td>±4</td><td>尺量</td></tr>
<tr><td>墙板</td><td>±4</td><td>尺量</td></tr>
<tr><td rowspan="2">2</td><td rowspan="2">宽度、高（厚）度</td><td>楼板、梁、柱、桁架</td><td>±5</td><td>尺量</td></tr>
<tr><td>墙板</td><td>±4</td><td>尺量</td></tr>
<tr><td rowspan="2">3</td><td rowspan="2">对角线差</td><td>楼板</td><td>6</td><td>尺量</td></tr>
<tr><td>墙板、门洞口</td><td>5</td><td>尺量</td></tr>
<tr><td rowspan="2">4</td><td rowspan="2">预留孔</td><td>中心线位置</td><td>5</td><td>尺量</td></tr>
<tr><td>孔尺寸</td><td>±5</td><td>尺量</td></tr>
</table>

9.2.8 纤维增强覆面木基结构构件进场后应进行部件覆面层厚度的检验。

检查数量：每检验批、不同类型部件抽取 3 件。

检验方法：尺量检查，测点数不少于 5 点，偏差不应大于 ±1 mm。

9.3 构件安装

Ⅰ 主控项目

9.3.1 低层轻型木结构的承重墙、楼盖、屋盖布置、抗倾覆措施及屋盖抗掀起措施等，应符合设计文件的规定。

检验数量：全数检查。

检验方法：实物与设计文件对照。

9.3.2 低层轻型木结构的结构形式、结构布置和构件截面尺寸应符合设计文件的规定。

检查数量：全数检查。

检验方法：实物与设计文件对照、尺量。

9.3.3 安装构件所需的预埋件的位置、数量及连接方式应符合设计要求。

检查数量：全数检查。

检验方法：观察、尺量。

9.3.4 现场装配连接点的位置应符合设计文件的规定。

检验数量：全数检查。

检验方法：目测。

9.3.5 构件的连接件类别、规格和数量应符合设计文件的规定。

检查数量：全数检查。

检查方法：实物与设计文件对照、尺量。

9.3.6 构件安装完成后，其外观质量应符合设计要求。

检查数量：全数检查。

检验方法：目测、尺量。

9.3.7 构件临时吊装措施、支撑应符合设计及相关技术标准要求，安装就位后，应采取保证构件稳定的临时固定措施。

检查数量：全数检查。

检验方法：观察、检查施工记录。

9.3.8 每层的受力构件安装的临时稳定支撑，胶粘剂强度应达到要求养护龄期后，方可拆除。

检查数量：全数检查。

检查方法：检查施工记录。

9.3.9 构件的支撑、胶合接缝、连接等的位置，节点作法应符合设计要求，不得有松动。

检查数量：全数检查。

检验方法：查验施工记录；观察、量测。

9.3.10 构件的支承、支撑、连接等应符合设计要求，不得松动。

检查数量：全数检查。

检验方法：观察、对照设计文件。

9.3.11 隐蔽空间内防火挡块的材质、规格、厚度及敷设部位应符合设计要求，安装应严密、无空隙。

检查数量：全数检查。

检验方法：观察。

9.3.12 防水层、隔汽层和绝热层的材质、厚度及铺设应符合设计要求和相关标准的规定。

检查数量：全数检查。

检验方法：观察；检查产品出厂合格证书；性能检测报告和复验报告。

9.3.13 木构件与混凝土或潮湿环境接触，应按设计要求采取防腐或防潮措施。

检查数量：全数检查。

检验方法：观察；检查施工记录，必要时剥开检查。

9.3.14 纤维增强覆面木基结构构件粘结施工应满足本标准要求。

检查数量：全数检查。

检验方法：观察，检查施工记录。

Ⅱ 一般项目

9.3.15 构件安装就位后，应根据水准点和轴线校正安装位置。构件安装尺寸偏差及检验方法应符合表 9.3.15 的规定。

表 9.3.15 结构安装的允许偏差和检验方法

项次	项 目	允许偏差（mm）	检查方法
1	构件轴线位移	10	采用吊线和钢尺检查
2	构件标高	± 5	采用水准仪和钢尺检查
3	墙、板之间的胶合缝宽度	± 5	用钢尺检查
4	构件垂直度	5	采用 2 m 指针式靠尺或吊线与钢尺检查
5	墙体、桁架侧向弯曲	L/1 000 且≤10	采用拉线和钢尺检查
6	相邻构件平整度	4	用 2 m 靠尺、塞尺检查
7	构件搁置长度	+10 －5	用钢尺检查
8	支座、支点中心线的偏差	10	用钢尺检查
9	桁架、檩条梁支座标高	± 5	用水准仪检查

注：L、H 分别为构件长度和建筑总高。

检查数量：每个检验批应至少抽查 10%，并不少于 3 间（大空间房屋不少于 3 个轴线开间）；不足 3 间时应全数检查。

9.4 分部工程验收

9.4.1 分项工程检验批质量验收合格应符合下列规定：

1 检验批主控项目全部合格；

2 检验批一般项目中允许偏差项目的合格率大于等于80%，允许偏差不得超过最大限值的1.2倍，且没有出现影响结构安全、安装施工和使用安全要求的缺陷；

3 具有完整施工操作依据，质量验收记录。

9.4.2 分项工程质量验收合格应符合下列规定：

1 所含检验批的质量均应合格；

2 所含检验批的质量验收记录应完整；

3 安全功能检测项目的资料应完整，抽检的项目均应合格；

4 构件实体检验结果符合要求。

9.4.3 分部工程质量验收合格应符合下列规定：

1 所含分项工程的质量均为合格；

2 质量控制资料应完整；

3 有关安全、节能、环境保护和主要使用功能的抽样检测结果应符合相关规定；

4 观感质量验收合格。

附录A　纤维增强覆面木基结构构件荷载检验方法

A. 0. 1　检验开始前，应对构件的自重、长度、截面等进行量测，并作出书面记录。

A. 0. 2　构件的加载及测点布置简图见图A.0.2，支撑点宜布置在距两端点50 mm处。

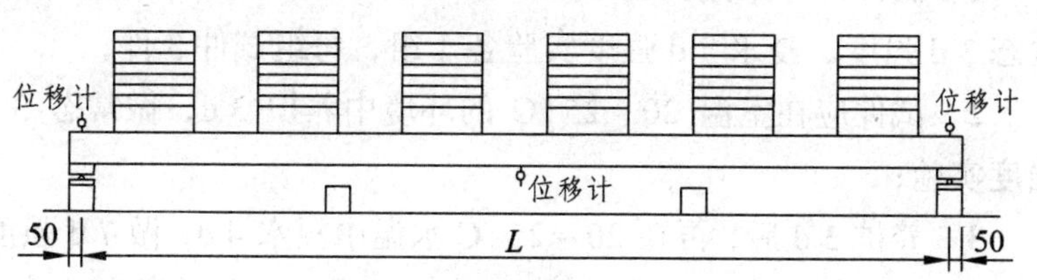

图A.0.2　加载及测点布置简图

A. 0. 3　检验荷载为构件自重与试验荷载之和。

A. 0. 4　楼板的试验荷载Q_s取值为恒荷载标准值（不包括构件自重）和活荷载标准值之和且不小于3 kN/m^2；墙板的试验荷载Q_s取值为4 kN/m^2。

A. 0. 5　检验应符合以下规定：

1　构件在加载前，应在没有外加荷载的条件下测读仪表的初始读数；

2　试验荷载采用重力均布荷载分级加载，分级不低于5级；在分级荷载作用下宜恒定5 min后测读，加至试验荷载Q_s，静置30 min后测读。

A. 0. 6　在检验荷载下，构件的实测挠度值应小于$L/300$。

附录B 纤维增强覆面木基结构构件粘结剂检验方法

B. 0. 1 本检验方法适用于纤维增强覆面木基结构构件粘结剂的进场复检。

B. 0. 2 胶粘剂的抗压强度试验应符合下列要求：

1 试件尺寸采用 100 mm × 100 mm × 100 mm，试件数量为常态 3 d 强度、浸水 7 d 强度实验各 1 组，每组试件 3 件；

2 试件应在室温 20 ~ 25 °C 的环境中养护 3 d，做常态 3 d 强度实验；

3 养护 3 d 后，再在 20 ~ 25 °C 水温中浸水 4 d，做 7 d 强度实验；

4 常态 3 d 强度不应低于 40 MPa，浸水 7 d 强度不应低于 30 MPa；

5 试验结果若有一个试件不合格，须对试件加倍数量重测，若仍有试件不合格，则该批次胶粘剂应判定为不合格。

B. 0. 3 胶粘剂的粘结强度

1 试件分别由两块 70 mm × 70 mm × 40 mm 的纤维增强木基复合板通过胶粘剂粘合而成，粘结面积 40 mm × 40 mm，胶粘剂厚度 20 mm，每组试件 3 件；

2 胶合过程中，室温宜为 20 ~ 25 °C，试件养护 3 d；

3 试验时，应先用游标卡尺测量粘接面尺寸，准确至 0.1 mm；

4 试验记录应包括强度极限及破坏特征；

5 抗拉强度应不小于 1.0 MPa；

6　试验结果若有一个试件不合格，须对试件加倍数量重测，若仍有试件不合格，则该批次胶粘剂应判定为不合格。

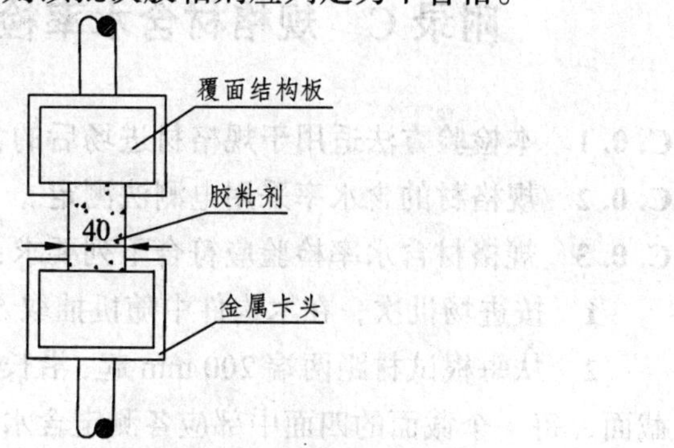

B.0.3　粘结强度试件示意图

B.0.4　胶粘剂的抗返卤性应按照《玻镁平板》JC 688—2006要求进行试验。

附录 C　规格材含水率检验方法

C. 0. 1　本检验方法适用于规格材进场后的含水率测定。

C. 0. 2　规格材的含水率采用电测法测定。

C. 0. 3　规格材含水率检验应符合下列要求：

1　按进场批次，在木构件中随机抽取 5 根为试材；

2　从每根试材距两端 200 mm 起，沿长度均匀分布地取 3 个截面，每一个截面的四面中部应各测定含水率；

3　电测仪器应通过计量标定；

4　测定时应严格按仪表使用要求操作，并应正确选择木材的密度和温度等参数，测定深度不应小于 20 mm，且应有将其测量值调整至截面平均含水率的可靠方法。

C. 0. 4　规格材应以每根试材的 12 个测点的平均值为每根试材的含水率，5 根试材含水率的最大值为检验批含水率代表值。

附录D 质量验收记录

D.0.1 构件进入施工现场后，构件进场检验批的质量验收可按表D.0.1记录。

表D.0.1 构件进场检验批质量验收记录 编号：

<table>
<tr><td colspan="3">单位（子单位）工程名称</td><td colspan="2"></td><td colspan="2">分部（子分部）工程名称</td><td></td><td>分项工程名称</td><td></td></tr>
<tr><td colspan="3">施工单位</td><td colspan="2"></td><td colspan="2">项目负责人</td><td></td><td>检验批容量</td><td></td></tr>
<tr><td colspan="3">分包单位</td><td colspan="2"></td><td colspan="2">分包单位项目负责人</td><td></td><td>检验批部位</td><td></td></tr>
<tr><td colspan="3">施工依据</td><td colspan="4"></td><td>验收依据</td><td colspan="2"></td></tr>
<tr><td colspan="3">验收项目</td><td colspan="2">设计要求及规范规定</td><td>样本总数</td><td>最小/实际抽样数量</td><td colspan="2">检查记录</td><td>检查结果</td></tr>
<tr><td rowspan="3">主控项目</td><td>1</td><td>构件资料</td><td colspan="2">质量证明文件齐全，标识清晰完整</td><td></td><td></td><td colspan="2"></td><td rowspan="3"></td></tr>
<tr><td>2</td><td>外观质量</td><td colspan="2">不应有严重缺陷</td><td></td><td></td><td colspan="2"></td></tr>
<tr><td>3</td><td>实体检验</td><td colspan="2">应符合设计要求</td><td></td><td></td><td colspan="2"></td></tr>
<tr><td rowspan="10">一般项目</td><td>1</td><td>外观质量</td><td colspan="2">不宜有一般缺陷</td><td></td><td></td><td colspan="2"></td><td rowspan="10"></td></tr>
<tr><td rowspan="2">2</td><td rowspan="2">长度</td><td>楼板、梁、柱、桁架</td><td>±4</td><td></td><td></td><td colspan="2"></td></tr>
<tr><td>墙板</td><td>±4</td><td></td><td></td><td colspan="2"></td></tr>
<tr><td rowspan="2">3</td><td rowspan="2">宽度、高（厚）度</td><td>楼板、梁、柱、桁架</td><td>±5</td><td></td><td></td><td colspan="2"></td></tr>
<tr><td>墙板</td><td>±4</td><td></td><td></td><td colspan="2"></td></tr>
<tr><td rowspan="2">4</td><td rowspan="2">对角线差</td><td>楼板</td><td>6</td><td></td><td></td><td colspan="2"></td></tr>
<tr><td>墙板、门洞口</td><td>5</td><td></td><td></td><td colspan="2"></td></tr>
<tr><td rowspan="2">5</td><td rowspan="2">预留孔</td><td>中心线位置</td><td>5</td><td></td><td></td><td colspan="2"></td></tr>
<tr><td>孔尺寸</td><td>±5</td><td></td><td></td><td colspan="2"></td></tr>
<tr><td colspan="4">施工单位检查结果</td><td colspan="6">专业工长：　　项目专业质量检查员：
年　月　日</td></tr>
<tr><td colspan="4">监理单位验收结论</td><td colspan="6">专业监理工程师
年　月　日</td></tr>
</table>

D.0.2 构件安装完成后，构件安装检验批的质量验收可按表 D.0.2 记录。

表 D.0.2 构件安装检验批质量验收记录　　编号：

<table>
<tr><td colspan="3">单位(子单位)工程名称</td><td></td><td>分部（子分部）工程名称</td><td></td><td>分项工程名称</td><td colspan="2"></td></tr>
<tr><td colspan="3">施工单位</td><td></td><td>项目负责人</td><td></td><td>检验批容量</td><td colspan="2"></td></tr>
<tr><td colspan="3">分包单位</td><td></td><td>分包单位项目负责人</td><td></td><td>检验批部位</td><td colspan="2"></td></tr>
<tr><td colspan="3">施工依据</td><td></td><td colspan="2">验收依据</td><td colspan="3"></td></tr>
<tr><td colspan="3">验收项目</td><td colspan="2">设计要求及规范规定</td><td>样本总数</td><td>最小/实际抽样数量</td><td>检查记录</td><td>检查结果</td></tr>
<tr><td rowspan="4">主控项目</td><td>1</td><td>构件临时固定措施</td><td colspan="2">应符合设计、专项施工方案要求</td><td></td><td></td><td></td><td rowspan="4"></td></tr>
<tr><td>2</td><td>支撑系统的完整性</td><td colspan="2">应符合设计要求</td><td></td><td></td><td></td></tr>
<tr><td>3</td><td>施工完成后构件外观质量</td><td colspan="2">不应有严重缺陷或一般缺陷</td><td></td><td></td><td></td></tr>
<tr><td>4</td><td></td><td colspan="2"></td><td></td><td></td><td></td></tr>
<tr><td rowspan="8">一般项目</td><td>1</td><td>构件轴线位置</td><td colspan="2">±10</td><td></td><td></td><td></td><td rowspan="8"></td></tr>
<tr><td>2</td><td>构件标高</td><td colspan="2">±5</td><td></td><td></td><td></td></tr>
<tr><td>3</td><td>构件垂直度</td><td colspan="2">5</td><td></td><td></td><td></td></tr>
<tr><td>4</td><td>相邻构件平整度</td><td>墙板、楼板</td><td>4</td><td></td><td></td><td></td></tr>
<tr><td>5</td><td>构件搁置长度</td><td colspan="2">+10，−5</td><td></td><td></td><td></td></tr>
<tr><td>6</td><td>支座、支点中心位置</td><td>板、梁、柱、墙板、桁架</td><td>10</td><td></td><td></td><td></td></tr>
<tr><td>7</td><td colspan="2">墙板、楼板接缝宽度</td><td>±5</td><td></td><td></td><td></td></tr>
<tr><td>8</td><td colspan="2">墙体、桁架侧向弯曲</td><td>L/1 000 且 ≤10</td><td></td><td></td><td></td></tr>
<tr><td colspan="3">施工单位检查结果</td><td colspan="6">专业工长：　　项目专业质量检查员：
年　月　日</td></tr>
<tr><td colspan="3">监理单位验收结论</td><td colspan="6">专业监理工程师：
年　月　日</td></tr>
</table>

D.0.3 分项工程的质量验收可按表 D.0.3 记录。

表 D.0.3 分项工程质量验收记录 **编号：**

单位（子单位）工程名称		分部（子分部）工程名称			
分项工程数量		检验批数量			
施工单位		项目负责人		项目技术负责人	
分包单位		分包单位项目负责人		分包内容	
序号	检验批名称	检验批容量	部位/区段	施工单位检查结果	监理单位验收结论
1					
2					
3					
4					
5					
6					
7					
8					
9					
10					
11					
说明					
施工单位检查结果	项目专业技术负责人 年 月 日				
监理单位验收结论	专业监理工程师 年 月 日				

本规程用词说明

1　为便于在执行本标准条文时区别对待，对执行标准严格程度的用词说明如下：

1）表示很严格，非这样做不可的用词：

正面词采用“必须”，反面词采用“严禁”。

2）表示严格，在正常情况下均应这样做的用词：

正面词采用“应”，反面词采用“不应”或“不得”。

3）表示允许稍有选择，在条件许可时首先应这样做的用词：

正面词采用“宜”，反面词采用“不宜”。

4）表示有选择，在一定条件下可以这样做的，采用“可”。

2　规程中指定按其他有关标准、规范的规定执行时，写法为“应符合……的规定”或“应按……执行”。

引用标准目录

1 《建筑模数协调标准》GB/T 50002
2 《木结构设计标准》GB 50005
3 《建筑结构荷载规范》GB 50009
4 《建筑防火设计规范》GB 50016
5 《建筑结构可靠度设计统一标准》GB 50068
6 《住宅设计规范》GB 50096
7 《民用建筑隔声设计规范》GB 50118
8 《民用建筑热工设计规范》GB 50176
9 《建筑工程施工质量验收统一标准》GB 50300
10 《民用建筑工程室内环境污染控制规范》GB 50325
11 《屋面工程技术规范》GB 50345
12 《民用建筑设计通则》GB 50352
13 《住宅建筑规范》GB 50368
14 《木结构工程施工规范》GB/T 50772
15 《装配式木结构建筑技术标准》GB/T 51233
16 《防火封堵材料》GB 23864
17 《建筑用阻燃密封胶》GB/T 24267
18 《玻镁平板》JC 688
19 《纤维增强覆面木基结构装配式房屋技术规程》T/CECS495

四川省工程建设地方标准

四川省低层轻型木结构建筑技术标准

Technical standard for low-rise light wood buildings in Sichuan Province

DBJ51/T 093 – 2018

条 文 说 明

制定说明

《四川省低层轻型木结构建筑技术标准》DBJ51/T 093—2018，经四川省住房和城乡建设厅 2018 年 5 月 25 日以川建标发〔2018〕467 号文公告批准发布。

为了便于广大设计、施工、科研、学校等单位有关人员在使用本标准时能准确理解和执行条文规定,《四川省低层轻型木结构建筑技术标准》编制组按章、节、条顺序编制了本标准的条文说明，对条文规定的目的、依据以及执行中需要注意到的有关事项进行了说明。但是，本标准的条文不具备和标准正文同等的法律效力，仅供使用者作为理解和把握标准规定的参考。

目　次

1 总 则

1.0.1 装配式木结构是三大装配式建筑体系之一，但由于长期以来木结构的发展受到各种因素的影响，发展远落后于混凝土结构和钢结构，四川地区的发展仍处于起步阶段，为了进一步推动木结构的发展，结合四川实际发展的需要制定本标准。本标准包括采用规格材轻型木结构和纤维增强覆面木基结构两种结构形式，本标准未考虑木结构与其他体系混合使用的情况，如需要采用混合的体系，设计人员可参照本标准的要求执行。

1.0.2 考虑到实际应用的经验和相关技术标准的限制，本标准限定了适用的范围。当实际工程不满足本标准的规定时，可参考国家、行业以及协会等其他相关标准的规定。

3 基本规定

3.0.1 木结构建筑是装配式建筑的一种类型，按照统一的定义，装配式建筑由结构系统、外围护系统、内装系统、设备与管线系统四大系统组成，建设的全过程中需要统筹四大系统的应用。

3.0.2 模数化、标准化是发挥装配式建筑工业化生产优势的基础，为了同时满足建筑功能多样化的需要，经验表明少规格、多组合是一种有效途径。

3.0.5 木结构建筑自身具备了低碳、绿色的特点，为了更好地体现绿色建筑发展的目标，除结构体外，其他部品部件也应优先选择绿色建材等。

3.0.6 装配式木结构的构件需要在工厂内制作完成，为了安全、经济、有效地发挥木结构的优点，制作单位应当按照设计文件的要求，编制部件的加工制作详图，并应通过设计认可。

3.0.7 易于维护是木结构一个重要的特点，正常使用期间需要进行必要的维护是木结构保持长期性能优良的重要措施，因此设计时，应尽可能考虑易于开展相关工作。

3.0.8 BIM 信息化模型是实现工业化生产和装配的重要手段。

3.0.9 正确地使用和正常地维护是维持木结构性能的必要手段。

4 材 料

4.0.1 本条主要强调构件应当在工厂中制作，以有利于保证产品的质量。

4.0.2 规格材的分级涉及的范围很大，且在国家相关标准中已有相关规定，因此，本标准仅做出原则性的规定，具体分级应按照相关标准确定。

4.0.3 规格材的含水率对材料的长期性能有着重要的影响，因此，本标准参照国家相关标准对此指标做出了要求。

4.0.4 构件的性能与木材自身的特点密切相关，材料的特性受到地域、气候、树种等众多因素的影响，标准难以完全覆盖各种材料的性能指标，而且近年来复合性材料、纤维增强材料等新型材料层出不穷，因此，低层轻型木结构应用中涉及新材料时，设计应根据实际情况参照相应团体标准或企业标准中规定的相关指标做出选择，并通过规定检验指标以保证工程质量。

4.0.10 在纤维增强覆面木基结构中，粘结剂是最重要的材料，结构的安全性和耐久性均取决于粘结剂的性能，因此，本标准给出了基本要求，具体性能指标可以参照 T/CECS495:2017《纤维增强覆面木基结构装配式房屋技术规程》的有关规定。

5 建筑集成设计

5.1 一般规定

5.1.1 装配式建筑的基本要求就是要实现标准化、模数化，本条强调了相关要求。

5.1.2 低层建筑的特点是单体面积较小、建筑布局较为分散，由此对于采暖、制冷都提出了不同于一般建筑的要求，结合地区气候特点适当考虑被动措施是有效节约能源消耗和建筑运行成本的手段之一。

5.1.3、5.1.4 木结构结构部件的装配化程度较高，为了更好地发挥装配式建筑的优点，应尽可能采用集成化的设施设备并将管线进行集成化设计。

5.1.5、5.1.6 居住建筑对建筑功能的要求较多，木结构作为一种轻型结构，需要更多地予以关注，本标准强调要满足相关标准的要求。

5.1.7 木结构防火是保证安全的重要环节，在防火设计规范中对防火性能做出了具体要求，本标准没有专门作出规定，但明确应满足相关标准要求。对于纤维增强覆面木基结构，由于构件生产过程中，已采用水泥基材料对木基进行了防护处理，其构件的耐火极限远大于防火设计规范的要求。

5.2 平立面设计

5.2.4 木结构构件对防水性能有较高要求。

5.2.5 考虑到木结构构件的防潮要求，做出该项规定。

5.2.6 统筹考虑住宅建筑防火、建筑抗震以及满足正常使用功能要求后，做出规定，非住宅建筑应遵守其他相关标准的规定；建筑的高宽比尚应根据抗震设防烈度的不同按本标准第 6 章的相关内容执行。当需要超出本条规定的限制时，设计应遵照其他国家相关标准要求执行。

5.2.7 考虑到幼儿园、养老院建筑使用对象的特殊性，为了保证使用安全，对轻型木结构的应用范围做出了限制。

5.2.8 门窗及洞口构造处理不好时，容易对使用造成不利影响，因此，做出要求。而且加强措施通常应当在工厂制作时完成。

5.2.9 坡屋面是木结构常用的屋面形式，应当根据所采用的屋面材料类型选择适当的构造措施防止屋面材料滑落。

5.3 围护结构设计

5.3.1～5.3.9 本节结合木结构和装配式建筑的特点，对围护结构的设计做出了一些规定，但由于围护结构需要满足的功能比较复杂，因此，设计人员应结合具体建筑的要求，参照相关技术标准的要求完善设计。

5.4 装修及设备管线设计

5.4.1～5.4.6 本节按照装修、给排水、设备、电气分别作出了一些规定，未规定的可参照国家相关标准执行。

5.5 防 护

5.5.1～5.5.9 防护是保证木结构建筑在使用寿命期限内正常运行的基本条件，设计和使用人员都应当提高防护意识。

6 结构设计

6.1 一般规定

6.1.1～6.1.6 参照相关标准的要求作出的规定。

6.1.7 在低层轻型木结构建筑中，保证结构的整体性是确保结构安全的第一要务，必须高度重视。

6.1.10 纤维增强覆面木基结构本质上是一种板墙结构体系，其墙板间采用粘结剂进行连接，如层间位移过大有可能导致墙板间发生相互错动，因此，本条对该结构形式的层间位移做出了比较严格的规定。计算层间位移时，纤维增强覆面木基结构板的弹性模量可以按照 T/CECS495:2017《纤维增强覆面木基结构装配式房屋技术规程》的规定选用，也可按本条建议值进行计算分析。

6.2 荷载和作用

6.2.3 考虑到低层建筑的特点以及实际工程的需要，为了简化设计分析工作，作出本条规定。

6.3 结构设计

6.3.1 当采用纤维增强覆面木基结构时，可参照 T/CECS495:2017《纤维增强覆面木基结构装配式房屋技术规程》的有关规定进行设计，但设计限值指标应符合本标准的要求。

6.3.4 节点连接通常是根据不同木结构材料、不同结构体系和不同受力部位采用不同连接型式，再计算假定时，结构分析模型应充分考虑节点的连接性能。

6.3.5 当采用纤维增强木基复合墙体抗压能力较强，但水平抗剪能力、适应变形能力相对较弱，规定高厚比，意在层高高度较大时，选择较厚规格的墙体。

6.4 抗风与抗震设计

6.4.1 低层轻型木结构建筑在风荷载及地震荷载作用下的整体抗倾覆验算中，底面不出现拉应力是指最外侧构件的底部不出现拉应力；建筑物底面如出现拉应力，墙体与混凝土基础的连接应采抗拔连接措施。连接应按承受全部上拔力进行设计。

6.4.2 低层轻型木结构中，如果楼层平面内刚度足够大，也可以按照抗侧力构件的刚度进行水平剪力分配。

6.4.3 本标准在5.2.6条对建筑的基本尺寸做出了规定，本条在此基础上进一步结合抗震要求对总高度、层高、横墙间距做出规定，当满足这些规定时，结构整体的抗风、抗震安全性通常能够得到保证，一般不需要再进行计算分析。

6.5 连接设计

6.5.2 在木结构中，可以选择的连接方式很多，有一些方法可能难以用分析模型进行模拟或难以准确模拟，当面临该问题时，应通过实验验证后方可应用。

7 运输和储存

7.0.1～7.0.11 本章所述构件为低层轻型木结构、纤维增强覆面木基结构在工厂加工，组成的墙体、楼板、屋面板、屋架等预制构件的统称，本章主要是明确构件在运输和现场储存时应该注意的事项，特别是堆放、运输时的支撑点等会影响到构件安全的问题。

7.0.4 针对部品，在运输与堆放时，支承位置应按计算确定。

7.0.7 木桁架整体运输时，一般竖向放置，支承点设在桁架两端节点支座处，也可以通过计算复核，调整支承点的位置。

8 安装

8.1 一般规定

8.1.5 由于单元化工作是在地面上组织预先完成，因此，单元化安装可以更有效地提高安装效率和安装质量。

8.3 安 装

8.3.7 纤维增强覆面木基结构中，构件之间的连接通过粘结实现，粘结作业分为三个阶段，即点粘接、半缝粘接以及全缝粘接，安装施工时应遵守本条款规定的作业流程，本条明确了纤维增强覆面木基结构构件之间粘接施工的基本要求。纤维增强覆面木基结构的连接需采用专用粘结剂，粘结剂的施工应遵守说明书规定的条件，粘结剂混合后需要在规定的时间内使用完毕。

9 质量验收

9.1 一般规定

9.1.1 低层轻型木结构工程质量验收应符合现行国家标准《建筑工程施工质量验收统一标准》GB 50300、《装配式木结构建筑技术标准》GB/T 51233及国家现行相关标准的规定。当国家现行标准对工程中的验收项目未做具体规定时，应由建设单位组织设计、施工、监理等相关单位制定验收具体要求。

9.1.7 工程设计文件包括构件制作和安装的深化设计文件。

9.1.8 不同的木结构体系对使用过程中的维护以及二次装修有不同的要求，在木结构建筑竣工交付时，向业主提交建筑物使用说明书是保证建筑使用安全、延长建筑使用寿命、降低事故隐患的一种有效途径。

9.2 构件进场

Ⅰ 主控项目

9.2.4 构件受力性能检验是实体检验的重要组成部分，通过荷载实验可以对构件的基本性能做出判断。由于墙板和楼板的基本结构类似，考虑到实验条件的可实施性，墙板也应按照受弯构件进行检验。

9.2.5 粘结材料的性能直接影响构件连接的性能，尤其是纤维增强覆面木基结构中，结构的整体性主要依靠粘结来保证，因此，粘结材料进场后必须进行抽检。

9.2.8 纤维增强覆面木基结构构件的敷面层厚度直接影响了构件的各种性能。现场抽测时，可以采用局部剔除进行量测，量测完毕后应采用相同材料进行修复。

9.3 构件安装

Ⅰ 主控项目

9.3.14 纤维增强覆面木基结构构件之间的粘结按照点粘、半粘、满粘三个步骤进行，安装过程粘结材料的使用需要满足产品给定的条件。

附录B　纤维增强覆面木基结构构件粘结剂检验方法

纤维增强覆面木基结构体系是工厂生产的纤维增强覆面木基板为基本板材，并胶合成结构受力构件（如楼板构件、墙板构件、桁架构件等），其构件的生产过程和产品检验应遵照生产厂家的企业标准执行；通过现场装配胶合构成的楼盖、屋盖以及墙板结构受力体系。粘结剂在本结构中起到关键的作用，所以为保证结构的安全，粘结剂须要进行进场复检。在标准编制过程中，采用的四川星河建材有限公司的改性的粘结剂，试样检验均能达到本附录B规定的检验指标。